Bojan Jurczyk

Das Konzept der „neuen Kriege" und die „Ökonomie der Gewalt" am Beispiel des Afghanistan-Konflikts

GRIN Verlag

Bibliografische Information der Deutschen Nationalbibliothek:

Die Deutsche Bibliothek verzeichnet diese Publikation in der Deutschen National-
bibliografie; detaillierte bibliografische Daten sind im Internet über http://dnb.d-
nb.de/ abrufbar.

Impressum:

Copyright © 2009 GRIN Verlag GmbH
Druck und Bindung: Books on Demand GmbH, Norderstedt Germany
ISBN: 978-3-640-56917-5

Dieses Buch bei GRIN:

http://www.grin.com/de/e-book/146952/das-konzept-der-neuen-kriege-und-die-
oekonomie-der-gewalt-am-beispiel

Wirtschafts- und Sozialgeographisches Institut
der Universität zu Köln

Das Konzept der „neuen Kriege"
und die „Ökonomie der Gewalt"
am Beispiel des Afghanistan-Konflikts

Hausarbeit im Seminar „Regionale Kulturgeographie"

Teilmodul im Wintersemester 2009 / 2010

Vorgelegt von:
Bojan Jurczyk
Diplom-Sozialwissenschaften
9. Fachsemester

Inhaltsverzeichnis

Abbildungsverzeichnis

Tabellenverzeichnis

1 Einleitung

„ ... Die hören sollen, sie hören nicht mehr, vernichtet ist das ganze Heer.
Mit dreizehntausend der Zug begann, Einer kam heim aus Afghanistan. "[1]

Das „Trauerspiel von Afghanistan", welches bereits 1859 von Theodor Fontane beschrieben wurde, scheint auch 150 Jahre später noch von Aktualität zu sein: Acht Jahre nach dem Einmarsch internationaler Truppen ist das Land immer noch nicht befriedet, geschweige denn demokratisiert. In diesem Jahr starben so viele Menschen, wie seit Beginn der Intervention nicht.[2] Doch während hohe Opferzahlen auch schon zu Fontanes Zeiten Kennzeichen afghanischer Kriege waren, hat sich eines grundlegend verändert: Nicht die afghanische Armee oder ein bestimmter Staat wird bekämpft – der Gegner ist gesellschaftlich integriert und agiert nach unbekanntem Muster. Die hochgerüsteten Armeen und bewährten Sicherheitsstrategien westlicher Militärmächte bleiben nahezu wirkungslos. Der Charakter des Krieges scheint sich grundlegend verändert zu haben.

In diesem Zusammenhang trat in der Wissenschaftsdebatte der vergangenen Jahre vermehrt der Begriff der „neuen Kriege" auf. Darüber hinaus wurde in vielen Krisengebieten der Erde eine „Ökonomie der Gewalt" festgestellt. Was es mit dieser Entwicklung auf sich hat und inwieweit diese auch auf den Afghanistan-Konflikt zutrifft, soll wesentlicher Gegenstand dieser Arbeit sein. Die zentrale Fragestellung lautet daher:

Inwieweit lässt sich das Konzept der „neuen Kriege" auf Afghanistan anwenden und liegt in einer „Ökonomie der Gewalt" ein Grund für die Entstehung bzw. Länge des Konflikts?

Da der Afghanistan-Konflikt von kulturellen, politisch-historischen, ökonomischen sowie natürlichen Bedingungen abhängt, werden ihm monokausale Erklärungsansätze kaum gerecht. Um alle wesentlichen Faktoren zu berücksichtigen, die die aktuelle Situation des Landes beeinflussen, liegt der Fokus meiner Arbeit daher zunächst auf der kulturgeographischen Betrachtung Afghanistans (Kapitel 2). Es wird sich zeigen, dass erst nach der Untersuchung geopolitischer und kultureller Aspekte das notwendige Grundlagenwissen besteht, das den Einstieg in die theoretische Analyse ermöglicht.

---

[1] Auszug aus „Das Trauerspiel von Afghanistan" von Theodor Fontane (1859). Das Gedicht ist in voller Länge dem Anhang beigefügt.
[2] Vgl. Herold 2009.

Dieser erfolgt dann mit der allgemeinen Vorstellung des Konzepts der „neuen Kriege"
(Kapitel 3), welches im weiteren Verlauf auf den Afghanistan-Konflikt angewandt wird
(Kapitel 4). Abschließend folgen das Fazit sowie ein kurzer Ausblick in die zukünftige
Entwicklung.

2   Kulturgeographische Analyse Afghanistans

Die Islamische Republik Afghanistan ist eines der ärmsten Länder der Welt. Etwa siebzig Prozent der rund 32 Millionen Einwohner zählenden Bevölkerung leben unterhalb der absoluten Armutsgrenze, was in Betracht eines nun mehr dreißig Jahre andauernden Kriegszustandes kaum verwunderlich scheint.[3] Um sich den komplexen Ursachen dieser trostlosen Lage bewusst zu werden, erfolgt zunächst eine kulturgeographische Betrachtung des Landes. Denn „Kulturgeographie … untersucht, inwieweit Raum, Ort und natürliche Umwelt die Kultur prägen und ihrerseits durch Kultur geprägt werden."[4] Der Kulturbegriff soll dabei als „Gesamtheit der unverwechselbaren geistigen, materiellen, intellektuellen und emotionalen Eigenschaften … eine[r] Gesellschaft oder eine[r] soziale[n] Gruppe" verstanden werden, „der Formen des Zusammenlebens, Wertesysteme, Traditionen und Überzeugungen umfasst."[5]

Im folgenden Kapitel wird zunächst die staatshistorische Entwicklung Afghanistans nachgezeichnet sowie anschließend die kulturelle Identität des Landes skizziert.

2.1   Geopolitische Entwicklung

Die Lage Afghanistans zwischen Orient und Okzident war stets von großer geopolitischer Bedeutung. Nach Jahrhunderten der Gebietskämpfe zwischen Persern, Usbeken und anderen Volksgruppen bekam die Region unter dem persischen Herrscher Nadir Schah Anfang des 18. Jahrhunderts erstmals eine einheitliche politische Gestalt. 1747 folgte die Gründung des afghanischen Staates durch Ahmed Schah Durani, unter dessen Herrschaft das Land an politischem Gewicht zulegen und das Staatsgebiet zeitweise bis hin zum indischen Ozean expandieren konnte.[6] Im 19. Jahrhundert entwickelte sich Afghanistan dann zum Mittelpunkt zweier kollidierender Kolonialinteressen. Die angestrebten Machtausdehnungen Großbritanniens (vom indischen Subkontinent gen Mittelasien) und Russlands (von Mittelasien Richtung indischer Ozean) machten das Land zu einem „Pufferstaat" im sogenannten „Great Game" zweier imperialistischer Weltmächte.[7] Nachdem die Briten in den 1840er Jahren das Land besetzen konnten, kam es in den folgenden Jahrzehnten mehrfach zu

---

[3] Vgl. Scholz 2002, S. 67.
[4] Knox/Marston 2001, S. 234.
[5] UNESCO 2001.
[6] Vgl. Behrooz o.J.
[7] Vgl. Scholz 2002, S. 68.

Konflikten zwischen der afghanischen Bevölkerung und den Besatzungsmächten. Aufgrund der anhaltenden Aufstände wurde das Land von den Briten durch die sogenannte „Durand-Linie" getrennt und der südöstliche Teil in die indische Kronkolonie eingegliedert.

Die daraus resultierende „Pufferfunktion" Afghanistans verdeutlicht sich besonders anschaulich im äußersten Nordosten des Landes, wo ein schmaler Landstrich bis hin zur chinesischen Grenze den direkten Kontakt von britischem und russischem Einflussgebiet verhinderte (siehe Abbildung 1). Dieser vollkommen willkürlich gezogene Grenzverlauf, der das ursprüngliche Territorium Afghanistans fast halbierte und das Land somit zu einem Binnenstaat machte, hat bis heute Bestand.[8]

Abb. 1: Afghanistan (19. Jahrhundert)

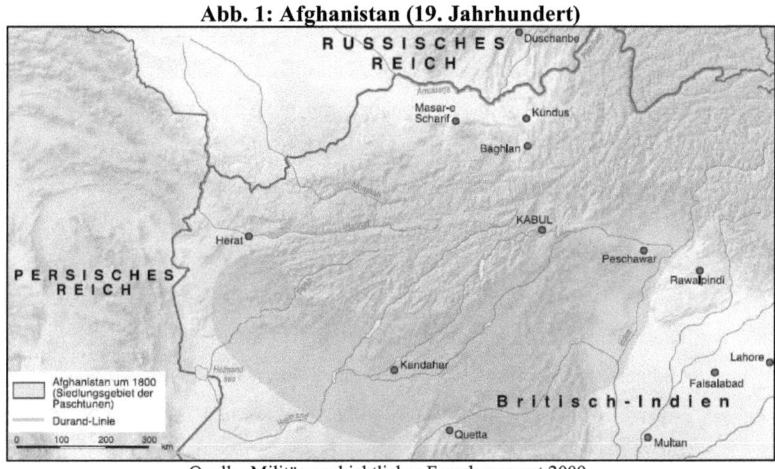

Quelle: Militärgeschichtliches Forschungsamt 2009.

Die fremdbestimmte Teilung war zunächst von überraschender Beständigkeit und sorgte auch während der beiden Weltkriege sowie des kalten Krieges weitgehend für Stabilität innerhalb der Region.[9] Erst 1973 sorgte der Sturz des Staatsoberhauptes Sahir Schahs – einem direkten Nachkommen des Staatsgründers Ahmed – für bürgerkriegsähnliche Unruhen innerhalb Afghanistans. Sechs Jahre später führte der Einmarsch der Sowjetunion das Land dann endgültig in den Kriegszustand und zerstörte sämtliche institutionelle Strukturen. Es entstand ein Machtvakuum, in das lokal oder ethnisch organisierte Milizen traten. Infolge dessen waren jedoch weder einzelne Führer, noch die Mudschaheddin, die 1992 in Kabul einmarschierten, gewollt oder in der Lage, das

---

[8] Vgl. Behrooz o.J.
[9] Vgl. Scholz 2002, S. 68.

erodierte staatliche Gewaltmonopol wiederherzustellen. Infolge der Machtübernahme der Taliban kam es ab 1996 zu einer bewussten Forcierung der lokalen Zersplitterung und darüber hinaus zu Kooperationen mit terroristischen Gruppen wie Al-Kaida. Letzteres führte nach dem Anschlag auf das World Trade Center am 11. September 2001 und dem daraufhin ausgerufenen NATO-Bündnisfall zum Einmarsch internationaler Truppenverbände. Seit diesem vorerst letzten Fixpunkt eines nun mehr dreißig Jahre andauernden Kriegszustandes, ist die gesellschaftliche Fragmentierung des Landes auf ein Höchstmaß gestiegen.[10]

2.2   Kulturelle Identität

Um diese gesellschaftliche Zersplitterung des heutigen Afghanistans verstehen zu können, gilt es die *kulturelle Identität* dieses Landes und die seiner Bewohner genauer zu analysieren. Diese „umfasst Gemeinsamkeiten, wie Klima und Geographie, Sprache oder Religion … und ist verbunden mit einer institutionellen Ordnung und sozialen Gruppen, aus denen sie besteht. Das kann eine Identifikation mit einem Territorium sein oder die Zugehörigkeit zu einer legal konstituierten Form, z.B. die eines Staates."[11]

2.2.1   Territorium

Das *Territorium* ist „der von einer Person, einer Gruppe oder einer Organisation (z.B. Staat) erfolgreich angeeignete und durch Machtausübung kontrollierte Raum."[12] Afghanistan verfügt seit seiner Teilung durch die „Durand-Linie" weder über einen Zugang zum Meer, noch über große Vorkommen an natürlichen Ressourcen und Rohstoffen. Die Topografie des Landes ist durch die schwer zugänglichen Gebirgslandschaften des Hindukusch geprägt, dessen Massiv sich vom Nordosten (aus Pakistan) bis in die zentralen Hochebenen im Landesinneren zieht (siehe Abbildung 2). Dieser Hochgebirgscharakter stellt ein natürliches Hindernis für die Erschließung und wirtschaftliche Entwicklung Afghanistans dar, von dessen Staatsfläche nur knapp fünf Prozent agrarisch nutzbar ist.[13] Lediglich in den von Gebirgen umgebenen Beckenlandschaften im Osten (z.B. Kabul, Dschalalabad) und Tälern im Norden (z.B. Baghlan, Kundus) kann zivile Landwirtschaft betrieben werden – hier befinden sich daher auch die wichtigsten Siedlungsräume des Landes. Des Weiteren ist die Landschaft

---

[10] Vgl. Schetter 2004, S. 9ff.
[11] Vgl. Ungermann 2003.
[12] Lexikon der Geographie 2002, S. 339.
[13] Vgl. Scholz 2002, S. 67.

durch die Extreme des kontinentalen Klimas geprägt, welches sich durch eine hohe Trockenheit und starke Temperaturunterschiede auszeichnet. Weite Teile des Südens und Südwestens sind daher von (Halb-)Wüsten bedeckt.[14]

Abb. 2: Afghanistan (Topografisch)

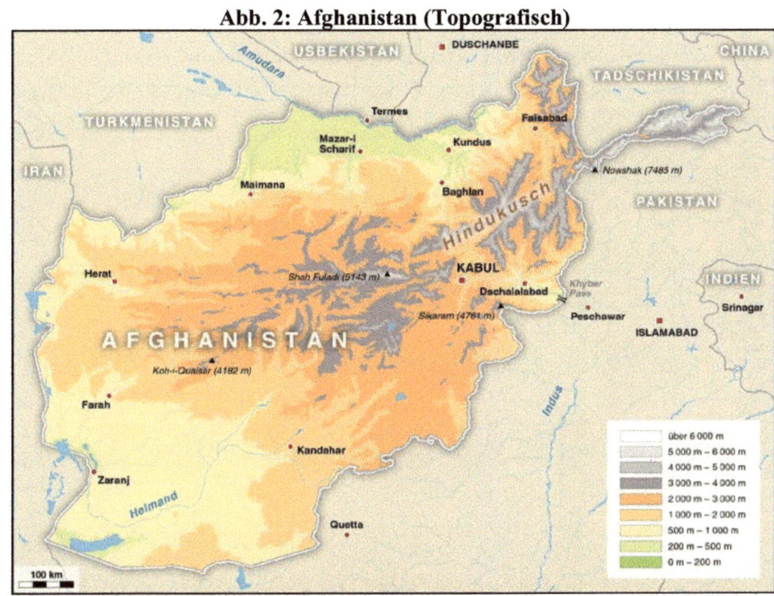

Quelle: Bundeszentrale für politische Bildung 2009.

Ebenso konträr wie die klimatischen Verhältnisse stellen sich die Unterschiede zwischen den einzelnen Siedlungsräumen bzw. der Lebensart der Bevölkerung dar. Während ein Viertel der Afghanen in Städten lebt, ziehen weitere 25 Prozent als Nomaden durchs Land.[15]

2.2.2 Ethnizität

Die *Ethnizität* einer Gruppe basiert auf einem „gesellschaftlich geschaffenen Regelsystem ... und auf tatsächlichen oder gedachten Gemeinsamkeiten wie Sprache oder Religion".[16] Ausgehend von dieser Definition ist Afghanistan ein äußerst heterogener Vielvölkerstaat. Die Bevölkerung gliedert sich in 33 verschieden große und

---

[14] Vgl. Brockhaus 2001, S. 172.
[15] Vgl. Scholz 2002, S. 67.
[16] Knox/Marston 2001, S. 258.

bedeutende Volksgruppen, die sich teils in ihrer Sprache und teils in ihrer islamisch-religiösen Ausrichtung unterscheiden.[17]

Bei der aufgezwungenen Grenzfestlegung im 19. Jahrhundert fanden die traditionellen Lebens- und Wirtschaftsräume der Afghanen keinerlei Berücksichtigung. Es entstand ein Staat, der nur wenig attraktive Lebensräume bot und andererseits viele verschiedene Ethnien beheimaten musste.[18] Wie Abbildung 3 verdeutlicht, ist deren Verbreitung daher äußerst zerstreut und somit auch kaum bestimmten Regionen zuzuordnen.

Abb. 3: Afghanistan (Volksgruppen)

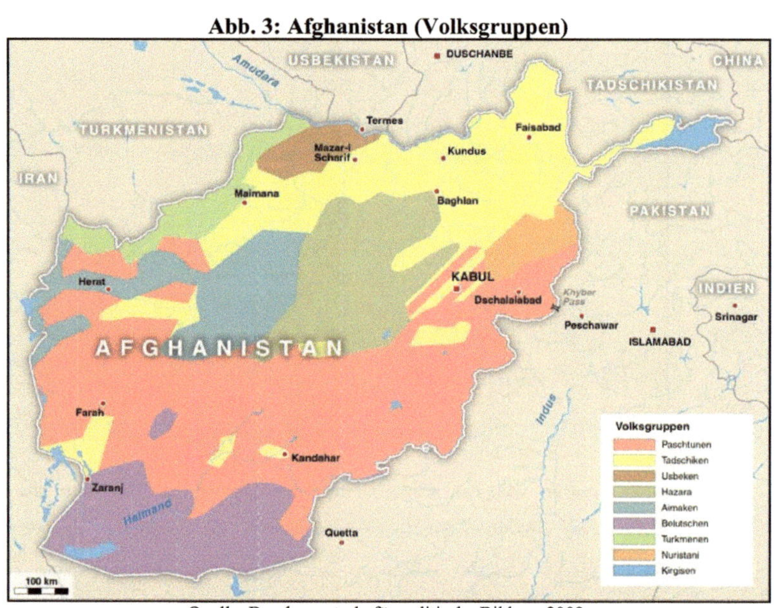

Quelle: Bundeszentrale für politische Bildung 2009.

Mit über 40 Prozent stellen die *Paschtunen* den größten Anteil der afghanischen Bevölkerung. Das Verbreitungsgebiet dieser Volksgruppe – der auch der Staatsgründer Schah angehörte – lag ursprünglich im südlichen Afghanistan. Durch die „Durand-Linie" wurde deren Bereich jedoch geteilt und liegt heute zur Hälfte im östlichen Nachbarland Pakistan.[19] Infolge der neu ausgerichteten Staatsgrenzen wurden die ehemals hauptsächlich nomadisch lebenden Paschtunen gezielt in die ertragsreicheren Wirtschaftsbereiche der nördlichen Peripherie umgesiedelt. So wurde es ihnen möglich,

---

[17] Vgl. Tab. 1, S. 8.
[18] Vgl. Scholz 2002, S. 69.
[19] Vgl. Scholz 2002, S. 70 sowie Abb. 1, S. 4.

alle formellen und informellen Ökonomien des Landes – wie Transportwege und (il)legale Handelsgeschäfte – zu kontrollieren und somit ihren staatstragenden Einfluss zu bewahren. Bis heute stellen sie stets die Regierung sowie den Großteil der militärischen Führungselite.

Das Volk gliedert sich in verschiedene Stammesgruppen, die sich wiederum in zahlreichen Teilstämmen unterteilen. Letzteren steht zwar ein gewähltes Oberhaupt vor, eine zentrale Führungsorganisation der Paschtunen existiert jedoch nicht. Vielmehr wird das Verhalten und gesellschaftliche Handeln vom Ehrenkodex „Pashtunwali" bestimmt. Dieser beschreibt in seinem Regelwerk bestimmte – nomadisch geprägte – Handlungsvorgaben und ist von solcher Bedeutung, dass er in der Praxis gar das islamische Recht „Sharia" überlagert.[20] Neben der Sprache Pashtu und der sunnitischen Glaubensrichtung existiert also eine weitere Gemeinsamkeit, die für die Paschtunen repräsentativ ist. Der bestimmende Charakter einer Ethnizität basiert hier – wie einleitend definiert – somit auf einem weiteren „gesellschaftlich geschaffenen Regelsystem". Trotz dieses Gewohnheitsrechts existieren aber auch unter den paschtunischen Stämmen starke Rivalitäten, die sich bspw. aus Streitereien um Lager- und Siedlungsplätze ergaben und teils bis heute Bestand haben – oder sich neu entwickeln. Uneingeschränkter Zusammenhalt herrscht lediglich bei äußerer Bedrohung.[21]

Tab. 1: Die größten Volksgruppen nach Sprache, Religion und Bevölkerungsanteil

Volksgruppe	Sprache	Religion	Bevölkerungs-Anteil in Prozent, n = 6253
Paschtunen	Pashtu	Sunniten	40,1
Tadschiken	Dari (Persisch)	Sunniten	35,1
Hazara	Dari (Hazaragi)	Schiiten	10,0
Usbeken	Usbekisch	Sunniten	8,1
Turkmenen	Turkmenisch	Sunniten	3,1
Nuristani	Nuristanisch	Sunniten	1,1
Aimaken	Dari	Sunniten	0,8
Araber	Dari	Sunniten	0,8

Quelle: Eigene Darstellung nach Scholz 2002, S. 73 sowie einer repräsentativen Bevölkerungsumfrage, vgl. Asia Foundation 2007, S. 114.

---

[20] Eine Übersicht der drei Hauptregeln des „Paschtunwali" ist dem Anhang beigefügt.
[21] Vgl. Scholz 2002, S. 70.

Als nächst größere Volksgruppen folgen die *Tadschiken*, die *Hazara* und die *Usbeken*, die zusammen mehr als die Hälfte der afghanischen Bevölkerung stellen und gemeinsam die Nord-Allianz bilden. Ähnlich wie bei den Paschtunen, sind ihre Verbreitungsgebiete grenzübergreifend und von anderen ethnischen Gruppen durchsetzt. Wie Tabelle 1 verdeutlicht, existieren in konfessioneller und sprachlicher Hinsicht jedoch wenige Gemeinsamkeiten zwischen den drei Gruppen, weshalb der Zusammenhalt innerhalb des Bündnisses auch von Befangenheiten zwischen den Führungspersonen belastet wird. Geht es um die Sicherung volkseigener Pfründe, kommt es daher ebenfalls zu Kämpfen um politische Macht sowie um begehrte Siedlungs- und Wirtschaftsflächen.[22] Bei der Nord-Allianz handelt es sich somit um ein rein politisches Zweckbündnis, dass einen politischen Gegenpart zur Übermacht der Paschtunen darstellen soll.

Weitere Volksgruppen wie die *Turkmenen, Nuristani, Aimaken, Araber* (u.v.m.) stellen zwar eher politische Minderheiten dar, verfügen aber ebenso über eigene Ansprüche und bestätigen daher die Erkenntnis, dass es sich bei der Bevölkerungsstruktur Afghanistans um eine vielfältige brisante „Masse" handelt.

2.3 Zwischenfazit

Rivalitäten und Gebietsstreitigkeiten sind in Afghanistan seit je her allgegenwärtig und wie das Beispiel der Paschtunen zeigt, auch innerhalb einer Volksgruppe nicht auszuschließen. Trotz dieser Brisanz kann resümierend festgehalten werden, dass das Zusammenleben dieser multiethnischen Gemeinschaft jahrzehntelang relativ gewaltfrei funktionierte und sich in dieser Zeit auch eine nationale Identität etablierte. Erst nach dem Erodieren staatlicher Strukturen und der Fragmentierung des Landes in einzelne Herrschaftsgebiete, fanden die ethnischen Unterschiede zunehmend Eingang in die Rhetorik der politischen bzw. militärischen Eliten und zu ihren Zwecken instrumentalisiert.[23] Folglich kann festgehalten werden, dass „ethnische wie religiöse Gegensätze … meist nicht die Ursachen eines Konflikts [sind], sondern [ihn ceteris paribus nur] verstärken".[24]

---

[22] Vgl. Scholz 2002, S. 72.
[23] So wurde bspw. von den hauptsächlich paschtunisch-stämmigen Taliban ab 1994 ein auf dem „Paschtunwali" aufbauender Islam propagiert, den sie gewaltsam durchsetzten. Vgl. Kleines Islam-Lexikon 2003, S. 22 sowie Schetter 2005, S. 61.
[24] Münkler 2002, S. 16.

Weil der Afghanistan-Konflikt insofern nicht auf Aspekte der Ethnizität reduziert werden kann, erhält die zentrale Forschungsfrage dieser Arbeit ihre Relevanz. Denn lässt sich das Konzept der „neuen Kriege" auf den Afghanistan-Konflikt anwenden und hat sich dort eine „Ökonomie der Gewalt" entwickelt, muss die Frage der Konfliktursache und folglich auch die Suche nach einer Lösung des Problems, um eine weitere – ökonomische – Dimension erweitert werden.

3 Das Konzept der „neuen Kriege"

„Der Krieg ist ... ein wahres Chamäleon, weil er in jedem konkreten Falle seine Natur etwas ändert. "[25]

Das 1832 erschienene Werk des preußischen Generals und Militärhistorikers Carl von Clausewitz besitzt in vielerlei Hinsicht einen zeitlosen Wert: Einerseits können seine Theorien „vom Kriege" auch heute noch zur Analyse gewaltsamer Konflikte, andererseits zur Beschreibung von deren Wandelbarkeit herangezogen werden.[26] Während Clausewitz' Theoriebildung durch den Übergang vom „ancien régime" zu nationalstaatlich geführten Kriegen geprägt war,[27] ist in den vergangenen zwanzig Jahren erneut ein Wandel des Kriegswesens zu beobachten. In diesem Zusammenhang erwähnte Mary Kaldor in ihrer Studie zu den Zerfallskriegen im ehemaligen Jugoslawien erstmals den Begriff der „neuen Kriege",[28] welcher in Umfang und Konzeption in Herfried Münklers gleichnamigem Buch weiterentwickelt wurde und im Folgenden zentraler Gegenstand dieses Kapitels ist.

3.1 Zum Wandel des Krieges

Die Erfahrungen der ersten beiden Weltkriege führten bei den europäischen Staaten zu einem Sinneswandel. Infolge der stetig fortschreitenden technologischen Entwicklung und der daraus resultierenden Zerstörungskraft von Waffen und Streitkräften sowie der Anfälligkeit moderner Industrie- und Dienstleistungsgesellschaften, reifte die Erkenntnis, dass zukünftige Kriege zu große Verluste bedeuten würden – und sich schlichtweg nicht mehr lohnen. Innerhalb Europas führte diese Feststellung u.a. zur Einsetzung einer weitreichenden Europäisierung, die die Entflechtung politischer und wirtschaftlicher Grenzen nach sich zog und so zu friedenspolitischen Fortschritten führte. Infolge dieser Entwicklung und verstärkt durch das Ende der Ost-West-Konfrontation erwuchs die Hoffnung, dass aus der Unführbarkeit klassischer

---

[25] Clausewitz 1963, S. 23.
[26] Vgl. Beckmann 2008, S. 50.
[27] „Er lebte ... zwischen dem 18. Jahrhunderts, noch geprägt von absolut herrschenden Monarchen, und dem Nationalismus des 19. und 20. Jahrhundert, der ... zu einer grundlegenden Transformation der soziopolitischen Verhältnisse der europäischen Staaten führte. Damit einher ging eine tiefreichende Transformation der Kriegführung." Beckmann 2008, S. 1f.
[28] Vgl. Kaldor 1999, S. 1.

Staatenkriege auch ein dauerhaftes und generelles Ende der Kriege entstehen könnte.[29] Diese Einschätzung entpuppte sich jedoch spätestens zu Beginn der neunziger Jahre als Trugschluss.

Die Konflikte im Irak (1990) und dem ehemaligen Jugoslawien (ab 1991) entsprachen zwar nicht mehr dem Bild eines klassischen Staatenkrieges, wurden aber ebenso mit großer Gewaltintensität geführt. Die involvierten Streitkräfte waren daher lange Zeit nicht in der Lage, diesen Konflikten Herr zu werden, was destabilisierende Wirkungen auf weite Teile der Regionen hatte. [30] Der Beginn dieser „neuen Kriege" verdeutlichte, dass sich die friedenspolitischen Fortschritte Europas nicht „globalisieren" ließen. Der Krieg hatte sich abermals als „Chamäleon" bewiesen.[31]

3.2   Was ist neu am „neuen Krieg"?

Kennzeichnend für diese neu entstandene Art des Krieges war das Verschwimmen der Grenzen von herkömmlicher Kriegsführung und organisierter Kriminalität. Während der klassische Staatenkrieg an Regeln gebunden war (z.B. Genfer Konventionen), einen klaren geografischen Verlauf (Frontlinie) sowie einen zeitlich klar zu bestimmenden Beginn (Kriegserklärung) und Schluss (Friedensverträge) hatte, kommt es in dem neuen Konflikttypus zur Vermischung von Krieg und Frieden sowie Staaten- und Bürgerkrieg.[32] Münkler analysiert drei wesentliche Merkmale, durch die sich „neue Kriege" von „alten" unterscheiden lassen.

Während sich bei klassischen Kriegen reguläre Armeen zweier (oder mehrerer) Staaten gegenüberstanden, die sich gegenseitig zur Kapitulation zwingen wollten, greifen infolge einer (1) *Privatisierung* nun auch andere (teil-)privatisierte und parastaatliche Akteure ins Kriegsgeschehen mit ein. Diesen dient der Konflikt nicht nur politisch-ideologischen, sondern meist rein kommerziellen Zwecken[33] – denn Krieg scheint sich wieder zu lohnen: Zum Einen kämpfen „Warlord"-Truppen, lokale Milizen oder überregionale Söldnerfirmen mit leichten, einfachen Waffen und benötigen im Gegensatz zu staatlichen Streitkräften nur einen Bruchteil an Zeit und Geld für ihre Ausbildung, zum Anderen werden durch Plünderungen, Raub, Ressourcenabbau sowie

---

[29] Vgl. Münkler 2004, S. 179.
[30] Vgl. Schreiber 2001, S. 11ff.
[31] Vgl. Münkler 2004, S. 180f.
[32] Vgl. Münkler 2002, S. 27f.
[33] Vgl. ebd., S. 161.

Drogen-, Menschen- und Waffenhandel Refinanzierungs- oder gar Gewinngeschäfte erzielt.[34]

Infolge der beschriebenen Entstaatlichung und Kommerzialisierung des Krieges unterliegt die Struktur kriegerischer Gewalt einer (2) *Asymmetrierung*, wodurch „Akteure kriegsführungsfähig geworden sind, die es unter den Bedingungen der Symmetrie niemals geworden wären."[35] Das führt dazu, dass die handelnden Akteure in Stärke, Handlungsweisen und Taktiken immer weiter voneinander abweichen. Infolgedessen kommt es u.a. nicht mehr zu einem Frontenkrieg mit eindeutiger Kampflinie, sondern die Gewalt richtet sich stattdessen direkt gegen die Zivilbevölkerung.[36] Zudem sorgt das „neue" ökonomische Kalkül der Beteiligten dafür, dass weder eine effiziente Kriegsführung, noch eine schnelle Beendigung des Konflikts angestrebt wird.[37]

Diese ökonomisch motivierte „strategische Defensive"[38] vieler Akteure verdeutlicht sich in der (3) *Autonomisierung* der Kampfhandlungen. Wie beschrieben, verlaufen die „neuen" Konflikte nicht mehr nach klassischen Handlungsformen – aufgeteilt in Kriegerklärung, Kampf und Friedensschluss – sondern sind häufig durch lange Waffenruhen gekennzeichnet und als Krieg oft nicht mehr zu identifizieren. Münkler spricht in diesem Zusammenhang von „low intensity wars", in deren Verlauf die Kampfhandlungen immer wieder aufflackern und an Intensität zunehmen, um dann abermals an Kraft zu verlieren.[39]

All diese Faktoren sind kriegshistorisch betrachtet jedoch keine Nova. So hatten bspw. ökonomische Interessen einen entscheidenden Einfluss auf die lange Fortführung des Dreißigjährigen Krieges.[40] Auch asymmetrische Feindkonstellationen hat es in der Geschichte bereits häufig gegeben, jedoch nicht mit dieser Vielzahl an kriegerischen Akteuren.[41] Somit wird deutlich, dass das Neue der „neuen Kriege" nicht allein in den einzelnen Wesensmerkmalen zu finden ist, sondern vielmehr in deren erstmalig auftretender Kombination.[42] Diese diffuse Charakteristik der „neuen Kriege" führt zu

---

[34] Vgl. Münkler 2002, S. 10.
[35] Münkler 2007, S. 317.
[36] Vgl. Münkler 2002, S. 11.
[37] Vgl. Stubka 2004, S. 41.
[38] Münkler 2002, S. 26.
[39] Vgl. Münkler 2002, S. 26.
[40] Keine der Schlachten im Dreißigjährigen Krieg führte zu einer militärischen Entscheidung. Infolge dieser Entwicklung kam es immer öfter zu Strategien, die wirtschaftliche Ziele verfolgten oder gegen die Zivilbevölkerung gerichtet waren. Vgl. Münkler 2002, S. 76f.
[41] Vgl. Freudenberg 2008, S. 172.
[42] Vgl. Münkler 2004, S. 182f.

einer Transformation von Gewaltmotiven und Handlungslogiken der involvierten Akteure. Die zunehmende Entstaatlichung und Privatisierung solcher Konflikte spiegelt sich in einer Ökonomisierung des Kriegsgeschehens wider.

3.3   Die „Ökonomie der Gewalt"

Eine *Kriegsökonomie* definiert sich als bestimmte Form des Wirtschaftens, die dazu dient, Kriegshandlungen zu finanzieren und zu organisieren.[43] Dabei wird zwischen geschlossenen und offenen Kriegswirtschaften unterschieden: Eine *geschlossene* Kriegsökonomie ist durch eine gewisse Autarkie gekennzeichnet – die innerhalb eines Staatsgebietes handelnden Akteure verfügen also über eine unabhängige Selbstversorgung.[44] Dagegen ist die *offene* Form in die globalen Waren- und Finanzmärkte eingebunden. Dabei wird bspw. durch Menschenhandel oder den Verkauf illegaler Güter – sei es durch Drogen- bzw. Waffenhandel oder die Ausbeutung von Bodenschätzen – eine finanzielle Versorgung sichergestellt, über die ein stetiger Nachschub an benötigten Ressourcen erreicht werden kann.[45] Bedingt durch die Entstaatlichung des Gewaltmonopols liegt in der Schaffung dieser transnationalen „Gewaltmärkte" auch der Grund, warum das Kriegführen für „Warlords" oder Milizenführer (wieder) so lukrativ geworden ist. Während die „billige" Gewaltanwendung kurzfristig positive Gewinne verspricht, können die „teuren" langfristigen Kosten externalisiert werden.[46] Weil sich mit dieser „Form des Wirtschaftens" relativ schnell und günstig gewinnbringende „Geschäftsmodelle" etablieren lassen, werden die „Gewaltmärkte" von den involvierten Akteuren dazu genutzt, den Krieg (und somit ihr Geschäft) andauern zu lassen. Ein wesentliches Problem dieser ökonomischen Komponente liegt also darin, dass sich die Konflikte selbst reproduzieren.[47]

---

[43] Vgl. Rufin 1999, S. 16ff.
[44] Auf der Basis einer agrarischen Subsistenzwirtschaft.
[45] Vgl. Münkler 2002, S. 165.
[46] Vgl. ebd., S. 136f.
[47] Vgl. Kahl/Teusch 2004, S. 382.

4 Afghanistan – ein „neuer Krieg"?

Afghanistan verfügt a priori weder über ertragsreiche natürliche Ressourcen, noch über wertvolle Bodenschätze. Seit dreißig Jahren herrschen zudem Kriegszustand und Konflikte unter der multiethnischen Bevölkerung. Umso erstaunlicher ist es, dass seit genau drei Jahrzehnten prosperierende Wirtschaftsbereiche entstanden sind. Dieser Entwicklung wird im folgenden Kapitel unter Einbezug der wesentlichen Kennzeichen „neuer Kriege" nachgegangen.

4.1 „Warlords" und „Gewaltmärkte"

Wie der geopolitische Überblick zeigt, traten in das im Land entstandene Machtvakuum sogenannte „Warlords", die den Staat unter sich aufteilten. Auf Abbildung 4 ist zu erkennen, dass sich eine Vielzahl dieser Herrschaftsgebiete über das ganze Land verteilen. Die Abgrenzung der einzelnen Milizen kann neben lokalen auch über kulturelle Aspekte (Ethnie, Sprache etc.) erfolgen, die es für manche Milizionäre unmöglich macht, in eine andere „Warlord"-Truppe zu wechseln.

Abb. 4: Warlords in Afghanistan (2002–2004)

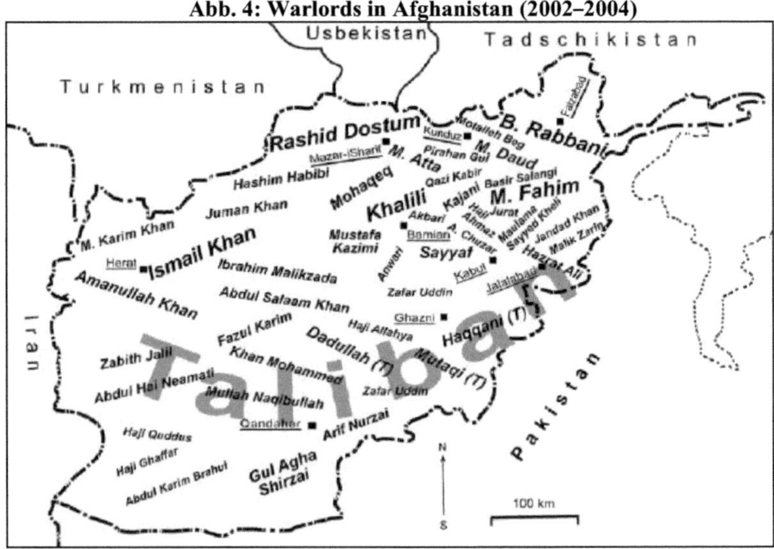

Quelle: Schetter 2004: S. 15.

Die Anführer besitzen in ihren jeweiligen Gebieten das Gewaltmonopol und sind vor Ort in ein Netz politischer und sozialer Abhängigkeiten eingebunden. So werden die bis zu fünfzig Mann starken Milizen für viele junge Männer häufig zu einer Art

Familienersatz. In Zeiten erodierender Staatsstrukturen bilden die Milizen zudem eine Art Schutzbündnis für die Familien der Soldaten. Letztere rekrutieren sich oft aus einem Dorf, wodurch zwischen lokaler Gemeinde und Milizenführer häufig ein Klientelverhältnis entsteht.[48] Das Fehlen jeglicher Rechtsstaatlichkeit ermöglichte zudem das Entstehen sogenannter „Gewaltmärkte", über die die „Warlords" das Gros ihrer finanziellen Einkünfte beziehen. Diese Einnahmequellen können im Wesentlichen auf fünf Bereiche zusammengefasst werden. So werden…

- *Schutzgelder und Zölle* für die „Sicherheit" von Dorfgemeinschaften, Händlern oder wichtigen Zufahrtsstraßen eingetrieben. Ähnlich dem Vorgehen von Mafiabanden innerhalb westlicher Gesellschaften, muss die Nachfrage nach Sicherheit jedoch erst durch ein anhaltendes Gefühl der Angst generiert bzw. aufrechterhalten werden. Dies geschieht durch teils willkürliche Gewaltanwendungen wie Überfälle, Vergewaltigungen und Entführungen.[49]

- *direkte und indirekte Unterstützungen aus dem Ausland* bezogen. Während die USA schon in den achtziger Jahren die Mudschaheddin im Kampf gegen die Sowjetarmee mit Waffenlieferungen *direkt* unterstützten, rüsteten sie ab 2001 auch viele Milizen im Kampf gegen die Taliban hoch. Zudem erfolgen Hilfen für einige Stammesführer auch aus Anrainerstaaten wie Pakistan und Iran. Des Weiteren erzeugen Konfliktregionen meist große Flüchtlingsströme, die wiederum Hilfsorganisationen auf den Plan rufen. Allein zwischen 2004 und 2009 erreichten die versprochenen Hilfsleistungen für Afghanistan einen Wert von schätzungsweise 8,9 Milliarden US-Dollar.[50] Die „Warlords" sind sich dem Ausmaß dieses Instrumentariums bewusst, fangen die Lieferungen von Lebensmitteln und Medikamenten ab, und werden somit von westlichen Spendengeldern *indirekt* alimentiert.[51]

- *Schwarzhandel und Schmuggel* verschiedener Produkte als weiteres Millionengeschäft genutzt. Zum einen werden illegal Rohstoffe abgebaut oder Kulturschätze ins arabische Ausland geschmuggelt, zum anderen wird

---

[48] Vgl. Schetter 2004, S. 27f.
[49] Vgl. ebd., S. 17f.
[50] Vgl. Central Intelligence Agency 2009.
[51] Vgl. Münkler 2002, S. 153ff.

Afghanistan als Durchgangsland von der Freihandelszone Dubai in andere Staaten benutzt, um die relativ hohen Importzölle dieser Länder zu umgehen.[52]

- *Menschen- und Organhandel* betrieben. Zwar existieren keine Statistiken über die Anzahl betroffener Personen oder etwaige Einnahmen der Händler, es gilt jedoch als sicher, dass Afghanistan weltweit eines der Hauptexportländer von (Kinder-)Organen sowie Prostituierten, Kameljockeys und Lustknaben ist.[53]

- *Drogengeschäfte* massiven Ausmaßes betrieben. Der Anbau von Schlafmohn und Handel von Opiaten stellt den größten Einnahmebereich der afghanischen Kriegsökonomie dar. Die Erträge erreichten 2007 mit rund 8.100 Tonnen Rekordhöhen – über 90 Prozent des globalen Heroinvorkommens stammen aus Afghanistan.[54] Schätzungsweise 1,7 Millionen Afghanen waren 2002 am Produktionsprozess beteiligt. Der Gewinn der Bauern ist beim Anbau von Schlafmohn um das Zwanzigfache höher als beim Anbau normaler Feldfrüchte. Angesichts dieser Aussichten erscheint es wenig verwunderlich, dass die „Warlords", die ca. zehn Prozent der Ernte als „Steuer" eintreiben, nur wenige Bauern zum Anbau der Pflanzen zwingen müssen.[55]

Tab. 2: Einkünfte aus Gewaltökonomien (2002)

Markt	Schätzwerte in US-Dollar
Anbau von Schlafmohn (Gewinn der Bauern bzw. Warlords)	1.200.000.000 $
Opiumhandel in Afghanistan (Gewinn der Händler)	1.300.000.000 $
Schmuggel und Grenzzölle	1.000.000.000 $
Schmuggel von Baustoffen	56.000.000 $
Dorfzölle	40.000.000 $
Organ- und Menschenhandel	-
	3.596.000.000 $

Quelle: Eigene Darstellung nach Schetter 2004, S. 24.

Es wird deutlich, dass sich die „Ökonomie der Gewalt" in Afghanistan zu einem Milliardengeschäft entwickelt hat. Die Einkünfte aus den fünf zentralen

---

[52] Vgl. Schetter 2004, S. 20f.
[53] Vgl. ebd., S. 22.
[54] Vgl. Auswärtiges Amt 2009.
[55] Vgl. Schetter 2004, S. 19f.

„Gewaltmärkten" werden allein für das Jahr 2002 auf mindestens 3,5 Milliarden US-Dollar geschätzt (siehe Tabelle 2). Im Vergleich mit dem offiziellen Staatshaushalt des gleichen Jahres, der 200 Millionen US-Dollar betrug, wird somit mehr als deutlich, dass es sich bei der prosperierenden Wirtschaft Afghanistans um eine (offene) Kriegsökonomie handelt.[56]

4.2 Privatisierung, Asymmetrierung, Autonomisierung

Eine *Privatisierung* des Afghanistan-Konflikts ist angesichts dieser immensen Gegensätze zwischen staatlichen und nicht-staatlichen Mitteln offensichtlich. „Warlords" und Drogenhändler gehören zu den größten, weil bestbezahlenden Arbeitgebern des Landes.[57] Das hat weitreichende Negativfolgen für die Wiedererrichtung eines selbstständigen staatlichen Gewaltmonopols: So wurden innerhalb der afghanischen Nationalarmee (ANA) bis 2007 zwar 37.000 Soldaten ausgebildet, lediglich 16.000 konnten aber nur eingesetzt werden. Der große Rest desertierte bzw. schloss sich den lokalen Milizen an.[58] Im direkten Kampf gegen die internationale Schutztruppe und die ANA wären einzelne „Warlord"-Truppen bezüglich Anzahl und Ausrüstung trotzdem klar unterlegen. Daher werden über Guerilla-Taktiken Gegner in Hinterhalte gelockt oder Soldaten und Zivilisten mit Selbstmordattentaten terrorisiert. Allein im Jahr 2007 gab es über 6.500 Angriffe dieser Art.[59] Eine *Asymmetrierung* der Kampfhandlungen ist somit ebenfalls deutlich zu vernehmen. Darüber hinaus sind eine *Autonomisierung* bzw. die von Münkler beschriebenen „low intensity wars" auszumachen: In den vergangenen Jahren flackerten immer wieder Kämpfe um Handelsrouten, Minen oder Anbauregionen auf, die von den „Warlords" jedoch stets auf „kleiner Flamme" gehalten wurden, um das Eingreifen der internationalen Militärs zu verhindern und keinen Stopp der transnationalen Handelsgeschäfte und Entwicklungshilfen zu riskieren.[60]
Es kann somit festgestellt werden, dass sich die maßgeblichen Kriterien „neuer Kriege" auf die aktuelle Lage Afghanistans anwenden lassen. Münklers Konzept bietet somit einen geeigneten Analyserahmen zum Verständnis dieser komplexen Konflikte.

---

[56] Vgl. Schetter 2004, S. 24.
[57] Vgl. ebd., S. 17.
[58] Vgl. Mutz 2007, S. 1293.
[59] Vgl. Deutsche Welle 2008.
[60] Vgl. Schetter 2004, S. 25.

5   Fazit und Aussicht

Die Analyse von Konfliktregionen wie Afghanistan war aufgrund des kalten Krieges lange Zeit einem festen Interpretationsmuster zwischen Ost und West verhaftet. Erst danach wurden viele Kriege als das betrachtet, was sie waren – interne Konflikte.[61] Dabei war die analytische Sichtweise zunächst auf ethnische und religiöse Konfliktlinien reduziert, während die Betrachtung ökonomischer Aspekte außen vor blieb. Bei näherer Betrachtung fällt jedoch auf, dass viele Konflikte bereits durch ökonomisch-rational handelnde Akteure bestimmt und am Leben gehalten werden bzw. überhaupt erst durch sie entstanden sind.[62] Diese Erkenntnis trifft auch für Afghanistan zu.

In Kapitel 2 habe ich das Land aus kulturgeographischer Perspektive betrachtet und veranschaulicht, dass der Grund für Entstehung und Dauer des Konflikts eben nicht allein auf ethnisch-religiöse Aspekte zurückgeführt werden kann. Insofern kann induktiv die Relevanz der Forschungsfrage hergeleitet und verdeutlicht werden, dass die Thematik auch aus einem weiteren Blickwinkel analysiert werden muss. Durch die Vorstellung des Konzepts der „neuen Kriege" in Kapitel 3 und der erfolgten Anwendung in Kapitel 4 habe ich aufgezeigt, dass der Afghanistan-Konflikt zweifelsfrei einer Privatisierung und Entstaatlichung unterliegt und sich eine Kriegsökonomie enormen Ausmaßes gebildet hat. Alle wesentlichen Prämissen des Konzepts der „neuen Kriegen" konnten somit bestätigt werden. Folglich kann in der „Ökonomie der Gewalt" ein wesentlicher Grund für das ständige Aufbranden des Konflikts gesehen werden. Dementsprechend muss auch die Suche nach Lösungsszenarien um eine ökonomische Dimension erweitert werden.

Der Versuch zur Beendigung des Konflikts muss demnach an dreierlei Ebenen ansetzen. Auf der *Sicherheits*-Ebene müssen die Maßnahmen auf die Überwindung der „Gewaltökonomie", ergo auf die Machtbasis der Warlords abzielen. Auf der *ökonomischen* Ebene steht somit der Kampf gegen den Drogenhandel an erster Stelle. Gleichzeitig gilt es, auf einer *politischen* Ebene institutionelle Strukturen zu etablieren. Die Widerherstellung des staatlichen Gewaltmonopols ist die Voraussetzung für die Schaffung einer stabilen Friedensökonomie, die stark genug ist, den finanziellen Anreizen der afghanischen Kriegsökonomie zu widerstehen. Dies kann paradoxerweise

---

[61] Vgl. Jean/Rufin 1999, S. 7.
[62] Vgl. Münkler 2002, S. 160f.

jedoch nur gelingen, wenn die „Warlords" und Milizenführer in den politischen Wiederaufbau mit eingebunden werden.[63] Diese haben aufgrund ihrer gesellschaftspolitischen Abhängigkeiten solche Bedeutung erlangt, dass selbst „eine völlige Eliminierung des Drogenanbaus ... nicht das Ende des Warlordism, sondern eher ... [ihre Einbindung in] andere Wirtschaftszweige bedeuten" würde.[64] Die Einbettung der „Kriegsfürstentümer" in einen demokratischen Kontext ist jedoch nur eines von vielen Dilemmata, welches die Verbindung der drei Ebenen mit sich bringt. Dass sich die Abhängigkeit der afghanischen Wirtschaft vom Drogenanbau zuletzt verringerte, kann zwar als positives Zeichen gedeutet werden, ist jedoch einzig auf die Zunahme legaler Wirtschaftsbereiche zurückzuführen.[65] Ein langfristiger Rückgang der Kriegsökonomien ist bis heute nicht zu verzeichnen und die momentane Sicherheitslage ist so instabil, wie seit dem Sturz des Taliban-Regimes nicht mehr.[66] Es ist somit deutlich geworden, dass es sich bei der Befriedung des Landes um ein sehr komplexes Vorhaben handelt.

Allein die Tatsache, dass der Afghanistan-Konflikt als „neuer Krieg" bezeichnet werden kann, liefert somit noch keinen konkreten Lösungsweg. Der Mehrwert des Modells liegt vielmehr im Erkennen dieser neuartigen Konfliktstruktur und der somit erfolgten Abgrenzung zum klassischen Staatenkrieg. Denn nur durch eine geeignete Analyse der „neuen Kriege" kann die Suche nach „neuen Antworten" auch gelingen. Die Komponenten des „Trauerspiels von Afghanistan" scheinen somit erkannt, ein finaler Ausweg daraus muss noch gefunden werden.

---

[63] Vgl. Schetter 2004, S. 32ff.
[64] Vgl. ebd., S. 26.
[65] Der Anteil des Drogeneinkommens am Bruttoinlandsprodukt sank nach Weltbank-Angaben von 2003 bis 2008 von 61,7 auf 33,0 Prozent. Dieser Rückgang ist Resultat neuer, legaler Wirtschaftsbereiche, die jedoch größtenteils auf ausländischen Subventionen beruhen. Vgl. Auswärtiges Amt 2009.
[66] Vgl. Baraki 2007, S. 14.

Literaturverzeichnis

Asia Foundation (2007): *A Survey of the Afghan People: Afghanistan in 2007*. Kabul: Afghan Center for Socio-economic and Opinion Research. Online im Internet: http://www.asiafoundation.org/resources/pdfs/AGsurvey07.pdf [Stand 07.11.2009].

Auswärtiges Amt (2009): *Afghanistan, Wirtschaft*. Online im Internet: http://www.auswaertiges-amt.de/diplo/de/Laenderinformationen/ Afghanistan/Wirtschaft.html [Stand 26.11.2009].

Beckmann, R. (2008): *Clausewitz, Terrorismus und die NATO-Antiterrorstrategie: Ein Modell strategischen Handelns*. Arbeitspapier zur Internationalen Politik und Außenpolitik 3/2008. Köln: Lehrstuhl für internationale Politik, Universität zu Köln.

Behrooz, M. (o.J.): *A Brief History of Afghanistan*. San Francisco, CA: San Francisco State University. Online im Internet: http://bss.sfsu.edu/Behrooz/Page-Hist-Afghanistan.htm [Stand 18.11.2009].

Bundeszentrale für politische Bildung, BPB (2009): *Afghanistan, Grafiken*. Online im Internet: http://www.bpb.de/themen/VO8QCV,0,0,Grafiken.html [Stand 02.11.2009].

Central Intelligence Agency, CIA (2009): *The World Factbook: Afghanistan*. Online im Internet: https://www.cia.gov/library/publications/the-world-factbook/geos/af.html [Stand 20.11.2009].

Clausewitz, von C. (1963): *Vom Kriege*. 12. Auflage. Reinbek: Rowohlt.

Freudenberg, D. (2008): *Theorien des Irregulären: Partisanen, Guerillas und Terroristen im modernen Kleinkrieg*. 1. Auflage. Wiesbaden: VS-Verlag.

Herold, M. (2009): *The Afghan Victim Memorial Project*. Durham, NH: University of New Hampshire. Online im Internet: http://pubpages.unh.edu/~mwherold/ [Stand 26.11.2009]

Jean, F.; Rufin, J.-C. (1999): Vorwort. In: dies. (Hrsg.): *Ökonomie der Bürgerkriege*. 1. Auflage. Hamburg: HIS, S. 7–14.

Kahl, M.; Teusch, U. (2004): Sind die „neuen Kriege" wirklich neu? In: *Leviathan*, Jg. 32, H. 3, S. 382–401.

Kaldor, M. (1999): *Neue und alte Kriege*. Frankfurt am Main: Suhrkamp.

Knox, P.; Marston, S. (2001): *Humangeographie*. Heidelberg: Spektrum.

Militärgeschichtliches Forschungsamt, MGFA (2009): *Karte Afghanistans im 19. Jahrhundert*. Online im Internet: http://www.mgfa.de/html/einsatzunterstuetzung/ downloads/afgim19.jahrhundert2.pdf [Stand 02.11.2009].

Münkler, H. (2002): *Die neuen Kriege*. 1. Auflage. Hamburg: Rowohlt.

Münkler, H. (2004): Die neuen Kriege. In: *Der Bürger im Staat*, Jg. 54, H. 4, S. 179–
184.

Münkler, H. (2007): Die „neuen Kriege" als sicherheitspolitische Herausforderung. In:
Beck, K.; Heil, H. (Hrsg.): *Sozialdemokratische Außenpolitik für das 21.
Jahrhundert*. Baden-Baden: Nomos, S. 313–319.

Mutz, R. (2007): Bergab am Hindukusch. In: *Blätter für deutsche und internationale
Politik*, Jg. 11, S. 1292–1296.

Rufin, J.-C. (1999): Kriegswirtschaft in internen Konflikten. In: Jean, F.; Rufin, J.-C.
(Hrsg.): *Ökonomie der Bürgerkriege*. 1. Auflage. Hamburg: HIS, S. 15–46.

Schetter, C. (2004): *Kriegsfürstentum und Bürgerkriegsökonomien in Afghanistan*.
Arbeitspapier zur Internationalen Politik und Außenpolitik 3/2004. Köln:
Lehrstuhl für internationale Politik, Universität zu Köln.

Schetter, C. (2005): Ethnoscapes, National Territorialisation, and the Afghan War. In:
Geopolitics, Jg. 10, H. 1, S. 50–75.

Scholz, F. (2002): Vielvölkerstaat Afghanistan: Hintergrundinformationen zu einem
aktuellen Konfliktherd. In: Aretin, von F.; Wannenmacher, B. (Hrsg.): *Weltlage:
Der 11. September, die Politik und die Kulturen*. Opladen: Leske + Budrich, S.
67–74.

Schreiber, W. (2001): Die Kriege in der zweiten Hälfte des 20. Jahrhunderts. In: Rabehl,
T.; Schreiber, W. (Hrsg.): *Das Kriegsgeschehen 2000*. Opladen: Leske + Budrich,
S. 11–46.

Stubka, A. (2004): Kriegsgeschichte und klassische kriegstheoretische Betrachtungen
zur asymmetrischen Kriegführung. In: Schröfl, J.; Pankratz, T. (Hrsg.):
Asymmetrische Kriegführung – ein neues Phänomen der Internationalen Politik?
Baden-Baden: Nomos, S. 41–56.

Ungermann, J. (2003): *Kulturelle Identität: Der Versuch einer Definition*. Manuskript.
Karlsruhe: Zentrum für Angewandte Kulturwissenschaft. Online im Internet:
http://teamarbeit.factlink.net/123199.1 (Stand 23.11.2009)

Verwendete Lexika

Brockhaus (2001), Studienausgabe, 20. Auflage, Band 1. Leipzig: Fa. Brockhaus.

Lexikon der Geographie (2002), hg. von Brunotte, E. et al., Band 3. Berlin: Spektrum,
Akademischer Verlag.

Kleines Islam-Lexikon (2003), hg. von Elger, R., Band 383 der BPB-Schriftenreihe.
München: C.H. Beck.

Anhang

„Das Trauerspiel von Afghanistan"

Der Schnee leis stäubend vom Himmel fällt,
Ein Reiter vor Dschellalabad hält,
"Wer da!" – "Ein britischer Reitersmann,
Bringe Botschaft aus Afghanistan."

Afghanistan! Er sprach es so matt;
Es umdrängt den Reiter die halbe Stadt,
Sir Robert Sale, der Kommandant,
Hebt ihn vom Rosse mit eigener Hand.

Sie führen ins steinerne Wachthaus ihn,
Sie setzen ihn nieder an den Kamin,
Wie wärmt ihn das Feuer, wie labt ihn das Licht,
Er atmet hoch auf und dankt und spricht:

"Wir waren dreizehntausend Mann,
Von Kabul unser Zug begann,
Soldaten, Führer, Weib und Kind,
Erstarrt, erschlagen, verraten sind.

Zersprengt ist unser ganzes Heer,
Was lebt, irrt draußen in Nacht umher,
Mir hat ein Gott die Rettung gegönnt,
Seht zu, ob den Rest ihr retten könnt."

Sir Robert stieg auf den Festungswall,
Offiziere, Soldaten folgten ihm all',
Sir Robert sprach: "Der Schnee fällt dicht,
Die uns suchen, sie können uns finden nicht.

Sie irren wie Blinde und sind uns so nah,
So lasst sie's hören, dass wir da,
Stimmt an ein Lied von Heimat und Haus,
Trompeter blast in die Nacht hinaus!"

Da huben sie an und sie wurden's nicht müd',
Durch die Nacht hin klang es Lied um Lied,
Erst englische Lieder mit fröhlichem Klang,
Dann Hochlandslieder wie Klagegesang.

Sie bliesen die Nacht und über den Tag,
Laut, wie nur die Liebe rufen mag,
Sie bliesen – es kam die zweite Nacht,
Umsonst, dass ihr ruft, umsonst, dass ihr wacht.

"Die hören sollen, sie hören nicht mehr,
Vernichtet ist das ganze Heer,
Mit dreizehntausend der Zug begann,
Einer kam heim aus Afghanistan."

Theodor Fontane, 1859.

Quelle: http://meister.igl.uni-freiburg.de/gedichte/fon_t12.html

Pashtunwali

Verhalten und Handeln der Pashtunen basiert auf einem Ehrenkodex (Afghan code of honour), dem *Pashtunwali*, auch als *Nang-i-Afghani* oder *Ghayratam* bekannt. Er stellt ein Gewohnheitsrecht dar, das so bedeutsam ist, dass es in praxi sogar das islamische Recht (Sharia) zu modifizieren vermag.
Zwar reichen seine Wurzeln ins Dunkel der pashtunischen Stammesgenese zurück. Doch dessen ungeachtet ist die diesem Kodex implizierte Werteordnung allen Pashtunen noch immer unvermindert präsent. Er bestimmt ihr Bewusstsein und Handeln und wird von ihnen sogar mit Stolz als ihr (angeborenes) Wesensmerkmal bezeichnet. Das *Pashtunwali* folgt drei unverrückbaren Grundwerten:

1. Die Gewährung von Asyl (*Nanawatiya*). Jeder Pashtune ist verpflichtet, Asyl, Schutz und Hilfe jedem – selbst einem Todfeind – zu gewähren, der als Bittsteller kommt. Dieses Recht ist auf die Heimstatt des Asylgewährers beschränkt. Der Begriff der Heimstatt ist nicht genau definiert und kann daher außer auf die einzelne Behausung auch auf Dorf, Stammesgebiet oder vielleicht sogar (heute, im Fall von Usaman bin Ladin) auf ganz Afghanistan angewendet werden. Die Unverrückbarkeit dieser Asylgewährung findet sich eindrucksvoll in dem Pashtun-Sprichwort: *„Selbst wenn ein Schwein, nach Allah die unsauberste aller Kreaturen, in jemandes Haus Zuflucht sucht, dann muss sie gewährt und Schutz geboten werden".*

2. Die Pflicht zur Bewirtung (*Melmastiya*). Jeder Pashtune muss einen Besucher oder Fremden, wenn es dessen Wunsch ist, bewirten und beherbergen. Für Besucher gibt es in jedem Dorf oder Lager ein Gästehaus/-zelt (*Hujra*). Fremde werden in der Moschee untergebracht. Die Verpflegung erfolgt je nach Ansehen des Gastes durch eine entsprechende Familie des Stammes. Für die Zeit der Bewirtung genießt der Gast den vollen Schutz des Stammes. *„Bedenke stets, dass auch du in der Fremde Hilfe benötigst",* lautet das hierzu gehörende pashtunische Sprichwort.

3. Die „heilige" Verpflichtung zur Blutrache (*Badal*). Sie rangiert für jeden Pashtunen an erster Stelle und ist ungeachtet der Kosten und Folgen sowie des Ortes zu verwirklichen. Sie verjährt nicht, geht über vom Vater auf den Sohn und setzt sich sogar über Generationen fort. Sie endet erst, wenn die Schuld ausgeglichen ist.

Diese drei Grundwerte, zu denen z.B. noch die Pflicht zur Verteidigung der Ehre der Frauen (*Purdah*) oder das allgemeine Zugangsrecht zu Wasser und Weide (*Shamilat*) gehören, stehen für Mut, Ehre, Kampfbereitschaft und Überlebenssicherung. Sie bilden die „Eckpfeiler" einer in konkurrierende Stämme segmentierten, ehemals rein nomadischen Gesellschaft.

Quelle: Scholz 2002, S. 71.